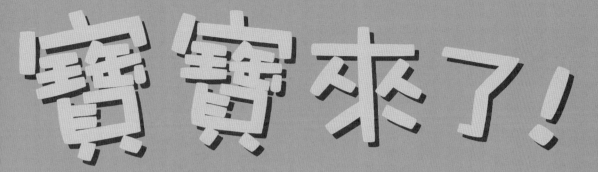

小雪（寶寶媽）著

寶寶來了！

天下父母秒懂、爆笑+療癒的育兒血淚漫畫

感謝有你⋯

書泉出版社 印行

序

　　在寶寶剛滿 1 歲，媽媽的生活也終於過得比較像個人後，想為這段艱辛刻苦、卻又難以向外人道的日子留下些什麼，於是就有創作《寶寶來了》的想法，可是要在日復一日，忙碌的育兒生活中找時間畫圖談何容易？思來想去，有天隨手拿起手機試著畫畫看（有附筆的那支），一開始不習慣用手機畫還畫到手快抽筋，也有試過用平板來畫圖，但畫沒兩筆就放棄了（不難想像在照顧小孩的忙亂中，還要拿個笨重的大平板是多麼自找麻煩），後來用手機畫著畫著也就習慣了，於是手機成了我的行動繪圖板，創作《寶寶來了》的唯一工具。

　　沒當媽之前，完全無法體會當媽是多麼困難的一件事，但是自己當了媽之後，才深深體會到當媽是全天下最了不起的工作！然而，日復一日的育兒生活，也是天底下最沒成就感、最磨人心智的事，常常令人深感灰心挫折……，所以創作《寶寶來了》除了療癒自己，也希望能療癒其他媽媽們。很高興《寶寶來了 2.0》臉書專頁開站至今已獲得上萬粉絲的喜愛與支持，也經常收到媽媽粉絲的留言與互相打氣，成為媽媽們的線上療癒空間，我也希望透過《寶寶來了》的漫畫讓更多人了解媽媽們的辛苦，對媽媽這個角色能多一份體諒與感謝！

　　僅將此書獻給我的媽媽、寶寶、好友、我自己跟所有喜愛《寶寶來了》的媽媽們，謝謝你們！

001 秒掀特技

大部分號稱掀不起來的餐具都是騙人的!

已經砸了很多冤枉錢……

002 抵抗力訓練

專家說口腔期是人類增強抵抗力的重要時期……

現在病毒很厲害,別急著讓寶寶去吃土嘿!

003 網購血拼

常常在按下購買鍵後對自己說這真的是最後一次買了……

甘五摳零……

004 牙牙學語

The 1st time...

Mom

A week later...

Mom Mom Mom Mom Mom Mom

第一次聽到寶寶叫媽媽很感動，但是一段時間後……

各位媽媽也有同感嗎？

005 秒吐絕技

到後來對寶寶秒吐這件事已經完全麻痺了……

向洗衣機發明者致上最高敬意！

006 無電梯公寓

跟所有住在無電梯公寓的媽媽們致敬（包括我自己）！

住電梯大樓的媽媽請相信我，妳們的人生還是很美好的！

為母則強

生命開始的初期非常脆弱，尤其是所有靈長類動物中，幼兒時期最久、必須高度仰賴父母的人類幼兒，所以造物者創造了「母性」這個要命的東西，讓媽媽從懷孕開始，就專注於滿足幼兒的需求而選擇犧牲自己的利益。

懷孕前巧克力跟果汁一直是我的最愛，但因為懷孕初期血糖值偏高，我整個孕期幾乎沒碰過這兩樣東西，更別說其他高升糖的食物了！在離婚搬家之前，我是住在無電梯公寓的三樓，大約從寶寶 5 個月大可以外出開始，我幾乎每天都會帶寶寶出門一至三次（對！就是扛著推車、背著寶寶爬三層樓的樓梯！），如果以每天平均出門 1.5 次這樣估算下來，我應該扛著推車、背著寶寶爬樓梯上下三樓至少 600 趟……。

當了媽之後，才真正體會到什麼叫
「為母則強」！

007 消費習慣

Before　After

當媽後消費習慣也會跟著
改變。

當媽後臉皮比較
厚，都敢睡衣睏
臉嚇送貨的……

008 哄睡試煉

哄睡寶寶這件事是一種精
神試煉！

覺得照顧寶寶沒什麼
難的人，麻煩你自己來
哄哄看！哄哄看啊！

009 神降臨

有保姆（或親友）幫忙的日子就是神降臨的日子！

媽媽需要幫手！

010 忘記洗臉

以前出門偶爾忘記擦口紅，現在出門才猛然想起忘記洗臉……

當媽後真的經常忙到忘記洗臉這件事……

011 婦幼用品展

婦幼用品展、婦產科跟羊膜穿刺診所是最看不出少子化的地方……

感覺全台灣的孕婦都來了……

012 光速生活

Before

After

哇

哇

當媽後吃五星級餐廳也會變快餐！

提倡慢活主義的人應該不食人間煙火……

013 看法改變

當媽後看世界的角度會多
一份柔軟。

會欺負我小孩
的例外！

014 標準改變

當媽後欣賞男人的角度也
會不同……

愛的人對不對生完
小孩就知道！

015 媽媽超人

在寶寶的小小世界裡媽媽是無所不能的超人！

當媽後常常忙到覺得自己是超人無誤……

016 忍者媽媽

當媽後常常需要練武功，經常在練的是輕功、閉息大法跟隔空取物……

把寶寶丟給別人要落跑時，要同時運用聲東擊西跟隱身術！

017 單手功夫

當了媽之後才知道人原來可以用單手做很多事。

單手換尿布應該可以算是門特技……

018 灰姑娘

常常覺得自己是在趕時間的灰姑娘！

而且返家後立刻變身傭人！

019 打預防針

媽媽是這個世界上最勇敢也是最脆弱的物種！

第一次帶寶寶打預防針，結果媽媽哭得比寶寶還慘……

020 習慣動作

聞寶寶屁屁已經成了當媽後的習慣動作！

換尿布要記得先墊乾淨尿片在下面！（有過慘痛經驗就不會忘記……）

O21 擠母奶

※實景重現

Snow

擠母奶 10 個月是這輩子
做過最令自己佩服的事！

通乳和擠母奶過
程的辛苦只有過
來人懂……

O22 厭食期

Snow

寶寶厭食好煩惱……

平平月數一樣就是
比人家小一號時更
煩惱……

023 睡眠不足

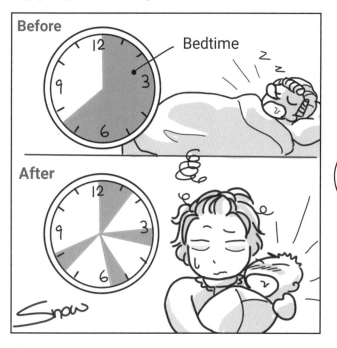

當了媽之後才知道真正的
睡眠不足是什麼滋味！

感覺前三個月是
在睡睡醒醒昏昏
沉沉中渡過……

024 指紋辨識

洗碗洗到指緣乾裂，手機
指紋辨識常判讀錯誤！

感覺自己像人
肉洗碗機……

當媽的壓力

　　這個時代很多女人是寧可上班也不願在家顧小孩的（更慘的是很多女人壓根連生都不想生！）。日復一日的育兒生活除了充滿挫折與挑戰，最可憐的是沒人會覺得感激（沒被嫌棄就不錯了）。

　　養小孩到底能有多難呢？（這句話應該不陌生吧？）以前養小孩容易，是因為大家族及生活環境支援體系龐大（我的童年都是跟親友或鄰居的小孩一起打打鬧鬧渡過），現代社會結構以小家庭為主，加上社會人心險惡（恐龍法官又多……），如果爸爸要工作，顧小孩的事大多是丟給媽媽一個人在單打獨鬥。

　　回顧我自己的前半生……喔，不是！是剛生完小孩之後的那半年，每天無限輪迴的擠奶、餵奶、哄睡寶寶、洗奶瓶、洗衣服……，寶寶一天要喝5次奶，根本沒辦法好好的睡上一覺（能連續睡3個小時就很了不起了！），那半年我到底是怎麼撐過來的，至今仍是個謎……。

所以如果您的賢內助願意在家顧小孩，請務必珍惜她並
多多體諒與幫忙，也請公婆有金
孫就要偷笑了，別再為了
性別或教養問題處處為
難媳婦囉！

025 天籟笑聲

寶寶的笑聲擁有讓媽媽將所有的辛苦暫拋九霄雲外的能力～

但也不能連續笑太久否則寶寶很容易打嗝唷！

026 一團亂的人生

雖然寶寶把我的人生搞得一團亂，但如果再選擇一次，我還是願意選擇這個一團亂的人生！

偶爾還是會很想把他塞回去……

027 食物處理機

餵母奶時常感飢餓,連睡覺都會夢見食物!

感覺天天都在過飢餓 30……

028 戰鬥澡

Before

After

Shampoo

Shower Gel

當媽後天天都在洗戰鬥澡!

感覺泡澡跟敷面膜這些事好遙遠啊……

029 咬咬三寶

寶寶心目中的咬咬三寶跟媽媽想的不太一樣……

基本上越髒細菌越多的越愛咬！

030 行動繪圖板

當媽之後手機就是我的行動繪圖板！

《寶寶來了》就是這樣一筆一畫克難畫出來的……

031 月子中心

月子中心是本世紀最偉大的發明!

是邁入無限輪迴育兒地獄生活前的最後一道曙光!

032 偽單親現象

如果夫妻一方沒有共同承擔育兒的意識,另一方就會被加諸過多的沉重壓力,形成夫妻及家庭關係失衡……

偽單親久了就變成真單親了!

月子中心

　　一直覺得月子中心是個很奇妙的地方，有些人愛到不行，有些人卻覺得像在坐牢、度日如年。感謝我的好友 J 在我確認懷孕的第一時間，就趕忙提醒我要訂月子中心（當時還納悶有必要這麼急嗎？），結果一打電話居然已經有幾間月子中心額滿了！（這也實在太誇張了！是一有懷孕跡象就要立刻預約的意思嗎？）

　　幸好當時提早評估，所以後來找到一家頗為喜愛的月子中心，但即使已經付了訂金也還不確定能否順利入住，因為寶寶如果在肚子裡待得不耐煩，想早點出來見見世面，而當時剛好沒有空房的話，月子中心也會跟你兩手一攤說沒法度，得就近找其他月子中心借住到有空房為止（一想到剛生完還要在那裡搬來搬去就整個頭皮發麻……）。

　　我家寶寶就是肚子裡待得不耐煩，在媽媽完全沒有準備的情況下，提早了一個多月給我蹦出來！當我從產房推出來、麻醉藥消退清醒後想到的第一件事，就是「月子中心有沒有空房呀～（尾音繚繞）」。總之，在頻繁通電確認外加一團混亂之後，最後總算喬出房間順利入住。

直到今天，我還是念念不忘在月子中心的那一個月，有人幫忙看顧著寶寶、每天送三餐水果外加什麼都不用煩心的日子呀……。

偽單親

　　大部分的兩性專家常要求女性在第一時間先檢討自己──「女人要明說男人才會懂……」或是「聰明的女人懂得讚美男人……」等之類的訓誡文，所以以前我常常在檢討自己，反省自己到底哪個環節沒做好？自己是不是沒有溝通清楚？加上獨自承擔育兒的一切，搞得自己非常痛苦。

　　有一天我突然驚覺「我檢討自己做什麼？問題根本就不在我身上呀！」當我這樣想時，所有的負面情緒與內心糾結突然一掃而空，直到那天我才真正清醒，並開始學會疼惜自己。

想跟兩性專家們說，「豬隊友」真的不是女人慣
出來的，當一方無心經營，女人說再多也是枉然，
就別再為難女人了吧！

033 寶寶吃酸

欣賞寶寶吃酸的各種奇怪表情是媽媽的小確幸！

寶寶天真的表情真的很可愛呀～

034 穿褲子

幫好動寶寶穿褲子的難度和月齡成正比！

換尿布也是！

035 讓座困擾

生完寶寶半年內最害怕……

常得吸氣縮小腹避免困擾！

036 血汗乳牛

母奶之路走來艱辛，餵不餵母奶這件事請還媽媽自由！

媽媽壓力已經夠大，請旁人不要再給媽媽壓力了！

037 媽媽真偉大

對媽媽來說寶寶健康快樂才是天底下最重要的事！

當媽之後更愛自己的媽媽了！媽媽我愛您～

038 安全第一

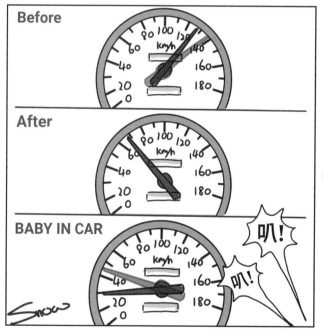

當媽之後真的變得很膽小……

因為有比自己更重要的人需要我們呀！

039 失憶症

當媽之後會患上失憶症跟
迷糊症!

所以特別容易忘
記懷孕、生產及
育嬰的辛苦……

040 尖尖小物

寶寶特別愛咬尖尖或細長
條的小物!

這包括我的腳趾跟
糖糖的耳朵……

041 奇妙胎夢

胎夢真的是很奇妙的一件事！在胎夢中我一直被寶寶打量，有種被面試的感覺……

幸好被錄取了！

042 外星語

寶寶說他剛剛一下子沒記起你現在記得了，他說他很喜歡你上次送他的玩具，還說他每天都會玩...巴拉巴拉...

寶寶的外星語只有媽媽懂！

寶寶的一個發音有N種意思，很奇怪我都懂耶！

043 穿衣哲學

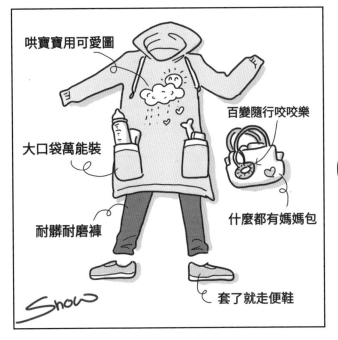

媽媽的衣著穿搭是門大學問！

跟以前的衣服比，反差大到像是兩個不同人的衣櫃……

哄寶寶用可愛圖

大口袋萬能裝

耐髒耐磨褲

百變隨行咬咬樂

什麼都有媽媽包

套了就走便鞋

044 錢萬能

錢可以找保姆、吃美食、買快樂，也只有錢不會辜負女人！

只有錢不會辜負女人

當媽後覺得錢更重要了！

045 睡過夜

寶寶第一次成功睡過夜，媽媽的心情樂到快飛上天了！

有種「阮出運」的感動！

046 媽媽手

擠奶擠到嚴重媽媽手，針灸還被隔壁阿桑虧才一個小孩就得媽媽手醬無路用！

後來去復健科女醫師說她也得過媽媽手……（有被安慰了）

047 寶寶定格

寶寶如果突然定格，通常是因為……

048 全年無休

Before						
Sun	Mon	Tue	Wed	Thu	Fri	Sat

After						
Sun	Mon	Tue	Wed	Thu	Fri	Sat

媽媽是全年無休的血汗工作！

049 維他命

革命尚未成功！維他命還是要繼續服用！

一山還有一山累呀！

050 寶寶的睡眠

6個月以前要把寶寶叫醒，跟6個月以後要讓寶寶睡覺是一樣難的！

哄睡寶寶真是件苦差事……

051 變魔術

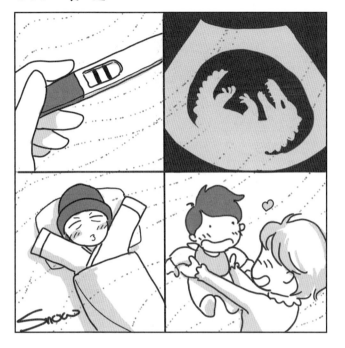

從懷孕到生小孩這段過程實在是很奇妙的一件事情，一整個覺得是在變魔術呀！

話說要看懂寶寶超音波照實在需要一點想像力……

052 打針

Before

NO!

NO!

After

YES!

當媽之後立刻克服打針恐懼症！（包括可怕的羊膜穿刺！）

孕婦要打的針、驗的血也實在是太多了…T_T

053 動物園

當媽前沒去過動物園,當媽後去動物園跟走廚房一樣呀⋯⋯

都快要變動物專家了!

054 幸福時光

走遍千山萬水,遠不及跟寶寶去街角便利商店買盒布丁,你一口我一口的幸福⋯⋯

這種幸福當媽後才能體會⋯⋯

055 恐怖童話

大野狼也只是討口肉吃沒做錯呀！老被剪肚子好慘啊⋯⋯還有傑克根本是用魔豆私闖民宅還謀財害命吧！

現在才發現童話故事真的好可怕喔～

056 驗孕

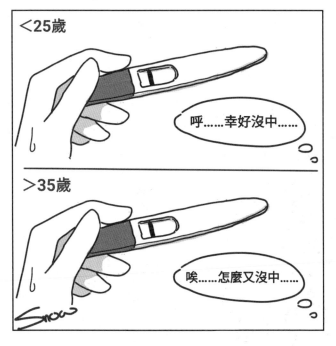

驗孕這件事始終是女人的大魔王關卡⋯⋯

過來人奉勸想生的要盡早生呀⋯⋯

關於生小孩這件事

我 40 歲才生小孩，在此之前我從來不覺得有小孩是件必要的事，生完小孩後我覺得很有必要把這個想法更新，並跟還沒有生小孩的朋友分享，但如果妳壓根不想聽這件事，請自動跳過這頁無妨，妳的人生還是很美好的。但如果妳年過 35 也還沒決心這輩子就當個頂客族，麻煩妳先放下書趕快去做一件事：「凍卵」！

我真的不是在開玩笑！女人年過 35 歲之後，卵子品質跟受孕機會比股市崩盤還慘，當然現在醫學發達，40 歲生小孩的大有人在（疑），但如果妳沒有大把的銀子或是強健的心臟（承受一次又一次失望的打擊），想要在35 歲後自然受孕成功，機會應該跟想在拉斯維加斯賭場贏錢的機率差不多！

人的想法會改變（尤其是女人），現在不想生未必代表以後都不會想生，「有花堪折直須折，莫待無花空折枝」（這兩句詩用在這好貼切呀！），看在我不惜透露年齡，也要告訴妳這件事有多重要的份上，請務必好好思考一下！（不用再想了，馬上上網找啦！）

057 產後憂鬱

母奶政策立意良善,卻不諳民情矯枉過正,又缺乏完善配套是要逼死媽媽嗎?

母奶媽媽真的非常需要家人及外界的支援與體恤!

058 新手媽媽

新手媽媽應該都做過這件事……

還要摸心跳才放心!

餵母奶

　　剛生產完一切渾沌未明時，第一個要面對的難關就是擠出第一滴初乳！我到現在還是忘不了在醫院剛生完要通奶時，護理師毫不留情的狂擠奶頭的狠勁……（像拼業績一樣拼命！），而且醫院為了推行母嬰同室，總是把寶寶頻頻推來丟給妳自行處理，媽媽沒辦法好好休息就算了，還得手忙腳亂忙小孩忙餵奶忙擠奶……。

　　終於在筋疲力盡快要放棄一切的時候，奶才終於出來，雖然不多，倒也剛剛好夠寶寶喝，然後就開始過著揮汗如雨、瘋狂擠奶、每三個小時拿著母奶罐狂奔育嬰室的日子……（別再問我為什麼不親餵這種問題，如果寶寶願意吸又喝得足，應該沒有媽媽會想擠吧！！！）。

經歷過這一輪慘絕人寰的追奶期後，我深深感受到母奶媽媽的辛苦，如果家人無法提供協助，醫院也沒有妥善配套措施，母奶媽媽就只能一個人孤軍奮戰，加上新手媽媽照顧寶寶的種種挫折感，不得憂鬱症都很難吧？

059 拳擊賽

別把跟寶寶睡覺這件事想
像得太美好！

寶寶清醒時也
常覺得自己是
陪練拳的……

060 二手菸

討厭邊走邊抽菸燻後面行
人的癮君子！

期望住家附近
的癮君子都能
戒菸成功！

061 全世界最愛

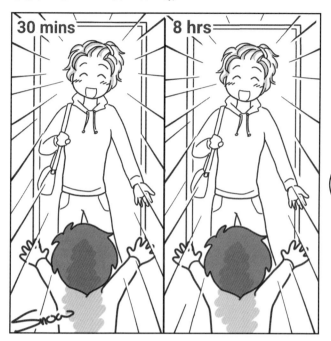

不管只是出門 30 分鐘、
還是忙完一整天下班，寶
寶永遠無敵開心迎接你！

媽媽就是寶寶
的全世界！

062 流口水

有誰可以告訴我，寶寶的
口水究竟還要流多久？

感覺收涎收心酸
的……

063 每日一字

女人當了媽……

064 音樂陶冶

聽說經常讓寶寶聽世界名曲可以陶冶性情……

065 媽媽遊樂場

常常被寶寶當攀岩練、拳擊袋槌、作彈跳床跳跟鞦韆盪……

媽媽才是寶寶最愛的大玩具！

066 上餐廳

某次剛坐下寶寶秒打翻水杯，應該有破這家餐廳最快被砸場紀錄……

能不能好好吃頓飯通常要看寶寶的面子！

067 破關遊戲

帶小孩的過程像在玩破關遊戲,每破一關就會無比開心!

不過也常常會卡關卡很久……

068 健康飲食

從懷孕到哺乳這段期間,是我這輩子吃得最健康的時候!

停止餵奶後立刻破功還變本加厲更慘……ㄒ_ㄒ

069 可愛寶寶

常常癡癡看著寶寶可愛的小嘴小手小腳，看著看著就會感到無比開心哪～

覺得能生出這個可愛得要命的東西真是了得！

070 愛情尿布學

一個男人有多愛這個女人，約略可以從他包尿布的次數看出來……

在這之前說有多愛都只是個屁！

071 踢被

寶寶就是不愛被被呀～

後來乾脆都
不蓋了！

072 學步期

寶寶學步期間，媽媽要常常惠顧推拿按摩以維持戰鬥力！

媽媽也是有職
業傷害呀！

073 長牙期

長牙期的寶寶喜歡亂咬人好可怕喔！

清潔口腔時媽媽常擔心手指不保……

074 便便專家

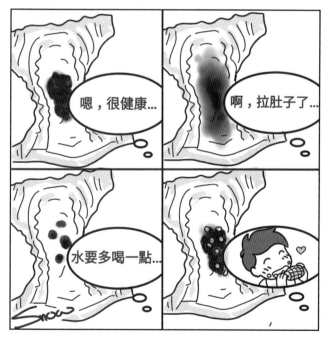

便便會很真實的反應寶寶的飲食，尤其是吃玉米、柚子、火龍果時……

每個媽媽都是便便研究專家！

075 墨菲定律

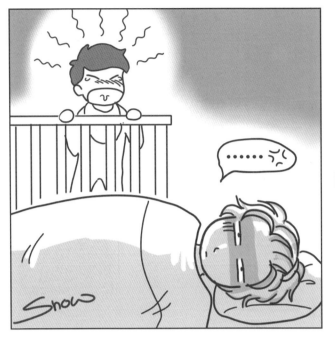

墨菲定律就是當媽媽終於忙完想小睡片刻時寶寶必醒!

而且屢試不爽!

076 爬高

寶寶最愛爬高挑戰巔峰極限!

常讓媽媽步步驚心!

O77 手機媽媽

當媽後使用 3C 的習慣立刻縮減剩 1C！

話說很久沒有好好看個電視了呀……ㄒ＿ㄒ

O78 記憶裂痕

常覺得寶寶出生恍如昨日，過程的辛苦好像被人快轉消磁慢慢忘記了……

還好有畫《寶寶來了》！

079 分離焦慮

寶寶分離焦慮期媽媽最怕……

能不能好好洗個澡要看運氣！

080 八爪媽媽

媽媽要做的事多到很想外掛八爪博士的多功能機械手臂來使喚！

如果可以團購保證爆單呀！

081 剪指甲

剪指甲的心訣就是「先求有剪再求剪好」，免得落得一場空又得重新哄睡……

剪指甲是挑燈夜戰的辛苦工作呀！

082 育兒法寶

育兒一寶

育兒二寶

育兒三寶

終極法寶

勝

媽媽隨時隨地都要有育兒法寶！

偶爾用濕紙巾擋一下真的滿好用的！

083 整人包裝

現在的玩具包裝是在玩整人遊戲嗎？

媽媽快被整慘了！

084 女強人

現在看到帶著二寶三寶出門的媽媽，都會打從心裡深深佩服！

照顧三寶應該比當企業總裁還累吧！

085 拜年絕招

過年時一定要教會寶寶的事!

今年終於可以回收紅包了!哈哈哈～

086 卡通節目

為了讓寶寶多吃點飯偶爾開電視,結果常常是媽媽自己看到入迷……

話說現在很多卡通實在兒童不宜,媽媽要慎選啊!

087 出門行李

以前出門... 　現在出門...

另外用寄的行李

以前輕便出門，現在……

永遠記得要先取下行李再抱起寶寶嘿！

088 媽媽的困擾

寶寶太黏媽媽也是有點困擾……

認真考慮要學習影分身……

089 面膜驚魂

結果寶寶哭了快半小時！
差點隔天要帶去收驚
了⋯⋯

此為真實案例，
請媽媽們引以
為鑑！

090 益智遊戲

太早給寶寶買益智或拼圖
類遊戲，是在考驗媽媽的
意志力⋯⋯

每天都要拼或收
回去N百次⋯⋯

091 豁達

高檔互動書

玩具收藏

高級服飾

金漫獎獎牌

當媽後很多事情都看得很開……

這輩子活到現在終於豁達了！

092 狗狗心機

寶寶出現後無可避免衝擊了愛犬糖糖的生活，糖糖如何應付這個麻煩的小傢伙並挽回她的地位？

糖糖出招請看下回分曉！

093 捷足先登

糖糖常用的一招，就是搶在寶寶之前（或是擠開寶寶）來撒嬌！

常常要同時應付兩寶的口水跟毛的攻勢！

094 苦肉計

明知會被寶寶打，糖糖還是刻意靠近寶寶挨打，藉此搏取媽媽的同情與關愛！

寶寶常會為了引起關注而動手打人或狗喔！

095 擋路法

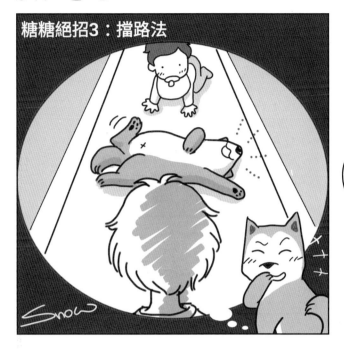

糖糖絕招3：擋路法

糖糖會為了引起媽媽的注意，故意躺在媽媽經常走動的地方……

但媽媽忙起來時一不小心就真的踢到了！

096 噪音法

糖糖絕招4：噪音法

糖糖常在寶寶要睡覺的時候，故意發出噪音吵醒寶寶……

這點著實令媽媽大傷腦筋呀～

097 裝萌

糖糖最厲害的一招大概就是裝萌討食了！

尤其是寶寶厭食期油水很多時⋯⋯

098 專寵時間

媽媽每天都會抽空帶糖糖出門散步，這是屬於糖糖的幸福專寵時間哦～

多寶家庭要給每位寶貝專寵時間很重要！

099 忙裡要偷閒

越忙就要對自己越好

Snow

祝所有媽媽情人節快樂～

越忙！媽媽就要對自己越好！

為了自己更為了寶寶！

100 玉手 Bye Bye

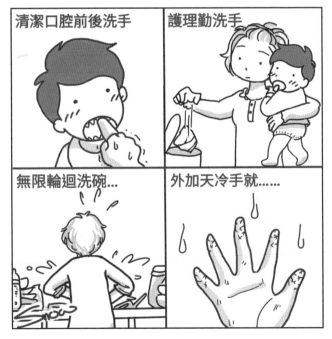

清潔口腔前後洗手

護理勤洗手

無限輪迴洗碗...

外加天冷手就......

Snow

纖纖玉手一去不復返～

根本忙到連擦乳液的時間都沒有！

101 每日新招

寶寶每天都會發明一些新招來整媽媽……

往好處想是寶寶每天都在成長……

102 防護措施

最近很想購入這套當居家服確保人身安全！

媽媽們有需要可以一起團購！

103 蚊子

現行犯

媽媽最恨叮寶寶的蚊子！

尤其是一次叮好幾個包那種天殺的蚊子！！！

104 學步訓練

心臟無力……

寶寶學步期媽媽心臟要夠強！

腿力也要夠好！

105 現代孝母

肉身祭蚊現代孝母...

現代孝母無誤!

恨的是蚊子還是愛叮寶寶!

106 修理達人

?

壞了...

丟了吧!

修理半天後...

媽媽可以為了寶寶從生活白痴變成玩具修理達人!

當媽後潛力無上限!

107 生活習慣

當媽後...
討厭門鈴

掛號~

對髒亂無感

如廁不關門

當媽後有些生活習慣漸漸
改變了……

已經很習慣上廁
所不關門……

108 玩樂達人

遊戲場玩樂路線

捷運站電梯路線

當媽後可以從路痴變成玩
樂達人！

不消耗寶寶精力
媽媽就等著被消
耗生命力……

109 童言童語

寶寶學講話初期的發音真的好可愛呀～

110 下雨天

媽媽最討厭下雨天！

111 看電視

當媽後電視節目幾乎沒有
看完的機會……

112 媽媽的一餐

最好的總是留給寶寶吃，
寶寶吃剩的媽媽吃……

113 視力

生小孩前的視力

生小孩後的視力

當媽後用眼容易疲倦……

要補充葉黃素呀！

114 丟東西

專家說丟東西是寶寶的學習行為……

我總覺得是在挑戰媽媽底線……

115 即刻救援

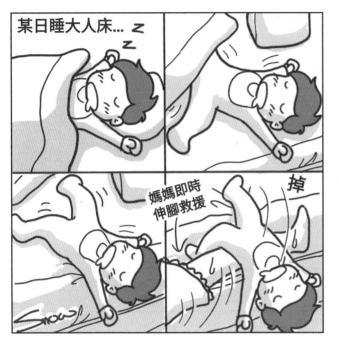

某日睡大人床... zz

媽媽即時
伸腳救援

掉

當媽後反應何止快！預感
能力簡直媲美蜘蛛人呀！

媽媽常常在做即
刻救援工作！

116 投其所好

聲東擊西第一招：投其所好

時鐘耶!

然後快落跑~

媽媽要落跑時，需要使用
聲東擊西招數！

不過通常用了幾次
就無效了……

117 美食利誘

第一招如果沒用了再祭出
美食通常能成功……

也是用了幾次就
會被識破……

118 犧牲糖糖

前兩招如果都沒用，最後
只好犧牲糖糖了……

糖糖對不起了！

119 亂丟菸蒂

這是一個「大地就是我的菸灰缸」的概念嗎？

請癮君子善盡熄菸及妥善棄置之勞做公德呀！

120 親子餐廳

感謝有親子餐廳的存在，讓寶寶玩得開心吃得盡興！

也讓媽媽免於挨餓跟洗碗！

121 育兒不環保

曾經力行環保，生完小孩完全破功……

這是個「要生存」還是「要理想」的選擇題…

122 當媽哭點低

Before
媽，您別走~
……

After
媽，您別走~
……

當媽後哭點爆低！

媽媽都是玻璃心！

123 公園即景

常在公園看到的場景……

提醒家長們還是要多注意小孩呀！

124 一秒變浩克

一秒前　　一秒後

讓媽媽一秒變浩克的方法有：寶寶好不容易睡著被吵醒、被說寶寶穿太少、寶寶被嫌瘦……

別讓媽媽變浩克！

125 玩玩具

寶寶對玩具永遠有自己的創新玩法！

126 溜滑梯

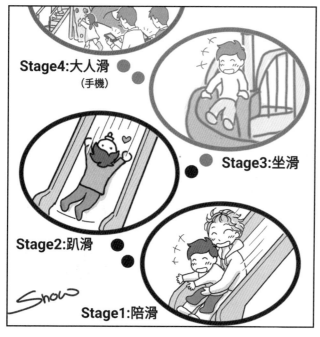

讓寶寶學會滑溜滑梯有好幾個關卡……

127 為母則強

媽媽為了小孩會堅強到自己都難以想像！

母性堅強！

128 練健身

常常在路上遇到健身房小弟發傳單推銷……

當媽後每天勤練健身哪！

要不要健身？

我每天都在練健身…

健身房會員

129 玩具達人

家有1到2歲寶寶的父母，應該都能在一秒鐘內答出這些玩具的名稱！

當媽後對玩具瞭若指掌！

130 Good Day!

當媽後每天以耗盡寶寶電力為人生終極目標！

希望天天都是用光寶寶電力的好日子！

131 Bad Day!

偶爾需要啟動緊急備用宵
夜以維持媽媽的戰鬥力！

也不是天天都是
好日子的……

132 Very very bad day!

不小心讓寶寶在晚上小
睡快充後就換媽媽崩潰
了……

慘的是這樣的日子
占了大部分……

133 童年樂趣

育兒固然辛苦，也讓媽媽有機會重溫童年生活……

134 長大後

偶爾幻想寶寶長大後是什麼模樣呢？

135 寶寶罩門

無法理解寶寶為何會對特定玩具感到害怕？

這實在是個謎！

136 墨菲定律 2

你一定要剛換好就給我便便嗎……

墨菲定律就是剛換好尿布寶寶就會便便了……

屢試不爽！

137 玩具的一生

新玩具	當天...
一週後...	玩具短短的一生...

玩具短短的一生……R.I.P.

媽媽拼裝到快手軟……

138 挖洞洞

Before

小孩手指卡洞報警

NEWS

嘖嘖...父母怎麼教的...

After

西摳摳

東挖挖

我什麼時候會上新聞呀...

寶寶為什麼這麼愛用手指挖洞洞呀！天哪～

越危險的越愛挑戰，媽媽心臟快無力……

139 連假恐懼症

當媽後就會得連假恐懼症⋯⋯

可怕的是保姆也會放假呀！

140 髮型三部曲

當媽後頭髮就青青菜菜了⋯⋯

俗話說媽媽有三寶：「馬尾、冷飯，睡不飽！」

141 育兒花費

精算過養小孩花費後的感觸……

142 大豆油墨

是大豆口味的比較好吃嗎?

143 寶寶鬧鐘

最近鬧鐘壞了
但也不太在意...

飽受蹂躪

因為實在
不需要鬧鐘......

……

家有寶寶鬧鐘何需買鬧鐘……

寶寶鬧鐘還常會提早響……

144 愛的禮物

世界上最棒的禮物......

呃！

奶嘴

媽媽眼裡

寶寶送給媽媽的第一個禮物絕對是世界上最棒的禮物！

放閃亦無誤！

145 聽話？

「會聽人話」跟「會聽話」
完全是兩碼子事！

而且寶寶很愛挑戰媽媽的底線！

146 媽媽的衣服

也兼具彈跳網跟緩衝墊功能！

當媽後乾淨的衣服越來越少了……

147 頭錘攻擊

睡前常常要躲避寶寶可怕
的頭槌攻擊~

媽媽是寶寶的
拳擊袋……

148 孕期兩三事：懷孕初期

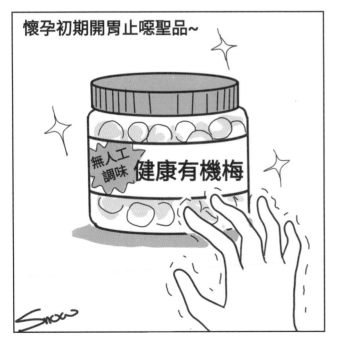

懷孕初期開胃止噁聖品~

無人工
調味 健康有機梅

對我來說，懷孕初期最可
怕的大魔王，就是永無止
盡的噁心感呀~

用酸梅勉強撐過
去……

149 孕期兩三事：孕期胃口

懷孕初期的胃口...

吃炒麵好了...

吃水餃好了...

還是吃漢堡好了...

又想吃炒麵了...

懷孕初期的胃口真是瞬息萬變難以捉摸呀～

寶寶挑食從懷孕就有跡象了……

150 孕期兩三事：孕期食慾

臭豆腐

突然好想吃呀……

懷孕時常常會莫名的想吃某樣很久沒吃的東西……

而且專挑睡覺前……

151 孕期兩三事：猜性別

親朋好友街坊鄰居都很喜歡猜性別……

152 孕期兩三事：孕期易受驚

懷孕期易受驚，千萬別嚇孕婦呀！

153 孕期兩三事：孕期便秘

孕期經常在跟馬桶搏鬥……

這是孕期的大大魔王呀！

154 孕期兩三事：孕期禁忌

孕期禁忌多如牛毛……

如果可以我也很想什麼都不做躺著做貴婦呀！

155 孕期兩三事：孕期血糖

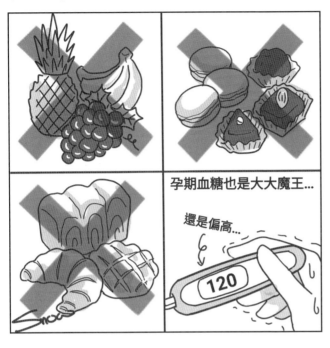

佩服自己整個孕期幾乎沒
碰過果汁跟最愛的巧克
力……

孕婦要避開高升糖
GI 值食品喔！

156 曬小孩

媽媽就是愛曬小孩！

大頭貼也是小孩的
請自己答「ㄡ」！

157 賴床

平時用音樂叫醒寶寶... 某日想賴床時...

該起床囉～

有樣學樣

……

寶寶的小聰明真是令人莞爾～

寶寶的模仿學習力超強！

158 兩個世界

當媽前的世界... 當媽後的世界

當媽前跟當媽後，看待這個世界的觀點完全不同……

當媽後一切恍如隔世……

159 剪頭髮

設計師剪的……　媽媽剪的……

一看便知…

寶寶頭髮誰剪的一看便知道……

最好寶寶會乖乖坐著讓你剪啦！

160 美鞋拜拜

Before

After

一雙穿到底便鞋

當媽後漂亮的鞋都放著積灰塵……

買雙好穿好套的鞋最實在！

161 幸福旅程

幸福不是一個終點，
是我伴著你一同
成長的旅程。

活了大半輩子都在尋找幸福，當了媽之後才恍然大悟……

當媽後對人生更有體悟！

162 嚴禁破病

嚴禁 破病

媽媽沒有生病的權利！

不然誰來顧小孩呀！

163 母親節禮物

雖然你還小，但是媽媽我會很有耐心的等待這一天的到來……

164 剪指甲

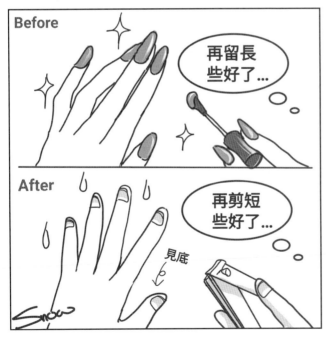

當媽後指甲越剪越短……

165 記憶力

寶寶能記憶跟理解的事物
遠超乎我們的想像！

所以大人們千萬
別亂騙小孩喔！

166 做家事

專家說要從寶寶時期就培
養主動作家事的習慣……

雖然常常越幫
越忙，媽媽要
忍耐呀！

167 囧狀況 1

媽媽最怕狀況1

．．．

媽媽最怕寶寶洗澡時大小
便！

有時就當作沒
看見……

168 囧狀況 2

媽媽最怕狀況2

你一定要專挑
外出的時候嗎……

外出用餐時更是時時提心
吊膽！

更可怕的是剛
好拉稀……

169 囧狀況了

推車外出最怕遇到殘障坡道路霸！

170 新生活

母子兩人加一隻狗，新生活開始！

171 城市育兒室

整個城市就是我的育兒室

常常帶著寶寶出門玩一整天,吃喝拉撒睡都在推車上解決!

幸好寶寶願意睡推車～

172 孟母三遷

找房

優質學區

文教氣息

完全可以體會古代孟母三遷的心情……

小孩學好不易,學壞超快 der～

173 愛的經營

家是最值得的投資

家才是人生最值得的投資!

家比事業更需要用心經營呀…

174 初次發音

你家寶寶會先發什麼音?

ma...

Pa! Pa!

Pa!

Pa...

Pa! Pa!

你家寶寶會先發什麼音呢?

當媽後好愛計較這種小地方……

175 心臟訓練

事實證明，媽媽的心臟是可以訓練的！

到後來媽媽已無感……

176 貼心設計

天才發明呀！！！

MILK

吸附磁性環

當媽後就會對一些體貼媽咪的小設計，或是無障礙公共設施感激涕零！

奶粉罐魔戒真是天才發明呀～

177 一個人的電影

一個人看電影也很好

一個人看電影其實還不賴……

現在的4D電影好先進好享受呀！

178 餐等人

Before
餐點怎麼還不來...

After
客人怎麼還不來吃...
親子餐廳內
涼~

以前去餐廳吃飯是人等餐，現在去親子餐廳吃飯是餐等人……

而且還希望餐點越慢上越好……

179 深色地板

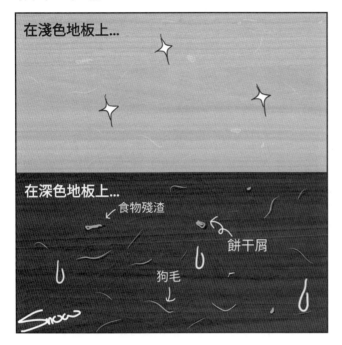

深色地板的問題……

衷心感謝有人發明了掃地機器人！

180 寶寶的成長

瞬間發現寶寶長大了！

每天看真的不覺得，有比較才發現！

比較

　　雖然醫生說只要生長曲線正常，即使百分比偏低也沒關係，可是當自己的寶寶硬生生比旁邊同月齡的寶寶小一號（寶寶體重一直是落在 5%），我想沒有媽媽是完全不介意的，更何況還三不五時有親友怕妳還不夠擔心似的頻頻提醒！

　　打從小孩出生的那一刻開始，這種比較的感覺就沒停過，例如小孩出生體重多少？喝奶喝多少？寶寶何時睡過夜？何時吃副食品？何時會坐會爬會站會走？何時長牙？何時會說話？……這種「自己的小孩」跟「別人的小孩」之間的比較，似乎就是沒完沒了。

　　寶寶目前 1 歲 9 個月了，雖然體重仍然維持在 5% 上下，但是健健康康活力十足！雖然至今還不太會講話，可是理解與溝通能力完全不輸給大人！自己經歷過這一切之後才慢慢發現，很多的擔心都是多餘而且庸人自擾的。

　　放輕鬆點，寶寶真的會自己長大呦！

181 媽媽剋星

為母則強，但是⋯⋯

我就是沒辦法克服這個東東呀～

182 寶寶零食

最後一個哦！零食不能吃太多...

一口接一口

為了寶寶的健康著想，媽媽只好負責消滅零食！

有些真的還滿好吃的！

183 寶寶收納術

寶寶有他們自己收納玩具的邏輯……

184 科技省思

掃地機器人很好用，但是……

陪伴

　　某晚我面臨了一個很多媽媽可能也會遇到的決擇─到底要「先陪寶寶講床邊故事把碗盤放過夜隔天早上再洗」，還是「不理寶寶讓他自己睡著，然後努力把滿坑滿谷的碗盤洗好」，我很慶幸那晚選擇了前者，我們母子倆一起渡過了一個特別開心愉快的夜晚！隔天清晨起床後我做的第一件事，就是立刻評估廚房安裝空間，上網挑選洗碗機機型，然後用最快的速度下單！我再也不想讓洗碗這件事，讓自己再錯過任何美好的親子時光！

　　教出三個博士孩子的柯文哲媽媽何瑞英女士，在雜誌專訪時謙虛地說她只是「陪伴」小孩成長的家庭主婦，這樣「簡單」的陪伴造就了三個「不簡單」的小孩，並各自在不同的領域發光發熱貢獻社會，可見「陪伴」對孩子的影響有多深遠。

想在這裡跟洗衣機、洗碗機、掃／拖地機器人
的發明者致上最高敬意！感謝你們讓媽媽能有
更多時間陪伴孩子！

185 貼心槌背

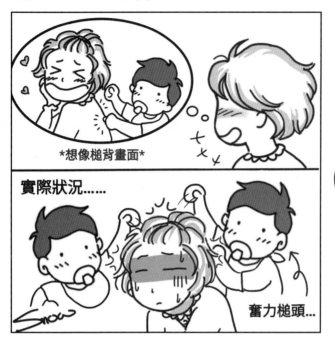

想像槌背畫面

實際狀況......

奮力槌頭...

小孩會貼心槌背是每個媽媽的心願……

現在看來還很有得等……

186 寶寶颱風過境

寶寶颱風過境......

無辜被關

能開的抽屜無一倖免...

寶寶的好奇心會讓家裡每天像是被颱風掃過一樣……

當媽其實是一種修行!

187 媽媽的理想 1

專家說寶寶 2 歲前不能看電視……

188 媽媽的理想 2

專家說不要體罰……

189 媽媽的理想了

專家說不要當餵飯媽……

請專家自己照三餐來餵餵看！

190 颱風來襲

颱風很可怕，但是比起颱風，跟寶寶關在家裡不能外出更可怕！

天氣好不好決定媽媽今天的命運……

別當百分媽或自責媽

現在的父母雖然沒有傳統社會大家族的支援體系，但有龐大的網路育兒資源可以查找，還有一堆育兒專家的粉專可以追蹤，偏偏這些育兒網站或專家又老愛發「10件父母絕對不能做的事」、「10種吃了智商會變低的食品」、「10種教出頑劣小孩的 NG 管教法」（以上標題是自己亂掰的，如有雷同純屬虛構）等聳動文章，嚇得媽媽個個神經緊張，深怕自己一個沒做好就不是好媽媽！

每個小孩都是獨一無二的，我相信每位媽媽都有洞悉自己小孩狀況的能力，育兒專家的書跟文章我會看也會參考，但大多時候我還是會自己評估狀況，並相信媽媽的直覺。有位媽媽粉絲說自己不是好媽媽，因為她不會煮飯……，天知道我根本是極度討厭煮飯的媽呀！寶寶的食品我大多還是請保姆幫忙（感謝我的神保姆），但這無損於我關愛寶寶的心！專家說不要追著寶寶當餵飯媽！不要讓寶寶看電視！但必要時（理智線快斷裂時），我也會兩手一攤讓他去吧，因為如果不適時放下原則，我就是下一位狂吼媽！

請別當百分媽或自責媽！我認為只要是自己跟寶寶都能取得平衡的話，就是最好的育兒方式！

191 單人加大床

買了張1.5人床......

......

寶寶1　媽媽0.5

BJ4......

> 後悔沒買雙人床......

192 水果兇手

兇手

令媽媽又愛又恨的水果三兄弟：藍莓！櫻桃！紅色火龍果！

> 問題是它們又都很營養呀～

193 「聽」故事

寶寶總有很多出其不意的
解讀方式……

194 罐頭公園

城市裡充斥著罐頭玩具公
園……

195 一秒止哭

為了及時讓寶寶停止哭泣，媽媽通常要有一些安撫招數……

所以手機錄滿了寶寶的開心影片！

196 擠睡床

睡前最怕……

趁寶寶睡著前媽媽要先占好位！

197 毒辣太陽

夏天的太陽公公好可怕哦！

> 曬個5分鐘感覺就快蒸發了……

198 育兒人生

媽媽就是過著不斷重複的育兒人生呀！

> 命運跟機會是什麼就請媽媽發揮想像力了……

199 開心育兒

開心媽媽=開心寶寶

照顧好寶寶很重要，但媽媽要懂得適時休息放鬆，照顧好自己的身心更重要！

所以偶爾要有保母或家人幫忙讓媽媽能喘口氣！

200 寶寶食品

寶寶果泥一包55！

Baby's

寶寶果汁三罐140！

寶寶餅乾一包135！

Baby's Cookie

坑娘呀……

寶寶吃的用的東西都天價！

少子化不是沒道理的……

201 討拍招數

你家寶寶是不是也會像這樣假摔討拍呢？

202 家暴疑雲

被寶寶的頭槌打到怕，後來睡覺都盡量背對寶寶側睡⋯⋯

203 挑食寶寶

寶寶不賞臉，媽媽好心酸……

204 難洗印章

遊樂場蓋的章……通常都很難洗 *__*"

205 無敵蚊掌

當媽後打蚊子都超！神！準！

206 餵到天荒地老

有時會有餵飯餵到天荒地老之感……

207 腸病毒

現在的病毒都好可怕哦～

停課更可怕！

208 媽媽的廚藝

媽媽的廚藝是被寶寶訓練
出來的……

越挑食的寶寶媽媽
廚藝越好？！

209 二手套書

最近接收了幾位不同朋友的贈書發現……

210 工作效率

有朋友問我為何能邊顧寶寶還能兼顧工作，所以決定不藏私跟大家分享個人心得！

211 趕時間？

常常要適時提醒自己，多給寶寶一點時間感受這個世界……

前提是媽媽不要太忙的時候……

212 平安是福

發現幸福其實很簡單……

希望社會更安定，媽媽不用每天提心吊膽呀！

213 理智曲線

真的有國外研究媽媽這個
時間精神最易崩潰……

媽媽沒吃飽或
沒睡好理智線
也容易秒斷！

214 銅板

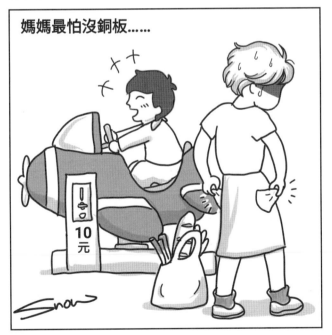

以前不愛銅板，現在身上
不能沒有銅板！

真的還特地跑
去銀行換了一
袋銅板！

215 哄孫絕招

寶寶很吃這套！

216 媽媽包

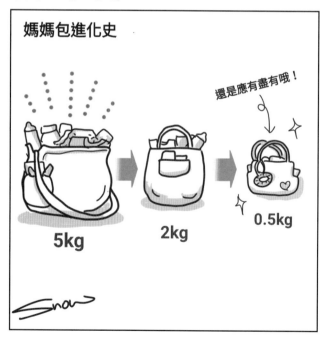

現在精簡成一小包提了就走！

217 寶寶愛踩腳

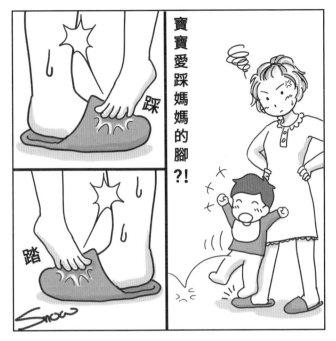

專家說這是一種愛的表現……

我覺得像是虐待媽媽為樂!

218 約出門

當媽後真的很難跟朋友約出門……

真的不是媽媽不愛約朋友呀!

把自己照顧好，一切就都會很好！

　　懷孕前我有打羽球的習慣，懷孕後當然就中斷了，生完小孩後也因為忙於育兒而無暇去運動，但是大約在寶寶一歲半時，我開始努力擠出時間恢復打球的習慣（這段時間會委託保姆或讓前夫帶小孩）；雖然當媽之後無法像以前一樣常約朋友出來吃飯聊天，但還是可以透過線上聊天工具跟朋友聊聊抒發心情（感謝我最要好的朋友 P 常常跟我聊生活兼扯天南地北～ XD）。

　　我想說的是，日復一日的育兒生活雖然忙碌，但心裡其實是極度孤單的，如果媽媽沒有育兒的幫手或是抒發情緒的管道，心情之鬱悶可想而知，也難怪媽媽容易得憂鬱症！當媽後我反而比以前更加注重自己的健康，並把運動跟抒壓當成必要功課，因為意識到唯有把自己照顧好了，才有心力去照顧好寶寶！

為了寶寶，請把自己照顧好！

跟所有的媽媽共勉之！

即使當了媽、離了婚，我還是我

我曾經在《寶寶來了》的粉絲頁上發布了一張只有文字的圖，上面寫著「好男人已死」，好友私訊來提醒我，說這個屬於私人抒發不適合放在粉絲頁上，但最後我還是沒有刪除這篇發文。

我在離婚的第一時間選擇誠實告訴粉絲（離了婚後，我放了兩張圖傳達這個訊息，一張是兩個人分開走人生道路，另一張是被橡皮擦擦除的配偶欄），也因忙著處理離婚及搬家等事，沒有心力創作而必須停刊半個月。

創作《寶寶來了》我是很隨興的，通常一畫完就會立即上傳，然後就一直重複按手機看大家的留言（笑）：如果想不到要畫什麼或是太忙了，就乾脆休息幾天，沒有刻意排程也不需要。因為《寶寶來了》畫的是我跟寶寶的日常生活、育兒的酸甜苦辣經歷，也畫著我的人生、我當下的感受，每一張圖都是最真實的自己。

離了婚後，感受到很多朋友的關心，事實上我很坦然面對這件事，也不覺得它對我的人生應該造成多大的影響（事實上我還滿感激前夫讓我有了寶寶，真的！），我一直是勇敢面對自己人生的一個人，不論是當年選擇放棄百萬年薪從零開始追夢、亦或是不顧家人反對私奔結婚。

在這本書的最後，期許自己即使當了媽、離了婚，還是要努力做回那個「原來的我」。

活了大半輩子都在尋找幸福，當了媽之後才恍然大悟，

幸福不是一個終點，是我伴著你一同成長的旅程。

——————————————— 小雪

國家圖書館出版品預行編目資料

寶寶來了 / 小雪著. -- 初版. -- 臺北市：
書泉，2017.12
　面；　公分

ISBN 978-986-451-117-4(平裝)

1.育兒 2.漫畫

428　　　　　　　　　106022327

3I23

寶寶來了

作　　者：小雪（寶寶媽）（344.3）

發 行 人：楊榮川

總 經 理：楊士清

主　　編：王正華

責任編輯：金明芬

封面設計：小雪、姚孝慈

出 版 者：書泉出版社

地　　址：106台北市大安區和平東路二段339號4樓

電　　話：(02)2705-5066

傳　　真：(02)2706-6100

劃撥帳號：01303853

戶　　名：書泉出版社

總 經 銷：朝日文化事業有限公司

電　　話：(02)2249-7714　傳真：(02)2249-8715

地　　址：新北市中和區僑安街15巷1號7樓

法律顧問：林勝安律師事務所　林勝安律師

出版日期：2017年12月初版一刷

定　　價：新臺幣180元